Sven-David Müller

Zimt senkt den Blutzucker - ist Zimt gefährlich?

Diabetes natürlich mit Zimt behandeln - Zimt als Bestandteil einer ganzheitlichen Diabetesbehandlung

GRIN Verlag

Bibliografische Information der Deutschen Nationalbibliothek:

Die Deutsche Bibliothek verzeichnet diese Publikation in der Deutschen National-
bibliografie; detaillierte bibliografische Daten sind im Internet über http://dnb.d-
nb.de/ abrufbar.

Impressum:

Copyright © 2012 GRIN Verlag GmbH
Druck und Bindung: Books on Demand GmbH, Norderstedt Germany
ISBN: 978-3-656-24001-3

Dieses Buch bei GRIN:

http://www.grin.com/de/e-book/197947/zimt-senkt-den-blutzucker-ist-zimt-
gefaehrlich

GRIN - Your knowledge has value

Der GRIN Verlag publiziert seit 1998 wissenschaftliche Arbeiten von Studenten, Hochschullehrern und anderen Akademikern als eBook und gedrucktes Buch. Die Verlagswebsite www.grin.com ist die ideale Plattform zur Veröffentlichung von Hausarbeiten, Abschlussarbeiten, wissenschaftlichen Aufsätzen, Dissertationen und Fachbüchern.

Typ-2-Diabetes mit Zimt-Catechinen natürlich behandeln!

Von Sven-David Müller, MSc.

Zimt senkt den Blutzucker

Der bis vor einigen Jahren als „Altersdiabetes" bezeichnete Diabetes mellitus Typ 2 tritt immer häufiger bei Jugendlichen und jungen Erwachsenen auf. Grund hierfür ist die steigende Anzahl übergewichtiger Schulkinder und Jugendlicher, die sich immer weniger bewegen und immer fettiger, süßer und mehr essen. Auch eine genetische Disposition kann die Entstehung eines Diabetes mellitus fördern. Somit ist die Stoffwechselerkrankung zu einer Volkskrankheit geworden, an der etwa sechs Millionen Menschen in Deutschland leiden. Experten schätzen in Deutschland einen Anstieg bis zum Jahr 2010 auf etwa zehn Millionen Diabetiker. Nach Schätzungen der WHO aus dem Jahr 2000 waren weltweit etwa 177 Millionen Personen von Diabetes mellitus betroffen. Im Jahr 2025 soll es global bereits 300 Millionen Diabetiker geben (1). Die Dunkelziffer liegt deutlich höher, weil Diabetes mellitus in der Regel zu spät erkannt wird. Beim Gesunden nehmen die Zellen den Blutzucker mit Hilfe von Insulin problemlos auf. Die Bauchspeicheldrüse bildet Insulin, das bei Bedarf in die Blutbahnen abgegeben wird. Beim Diabetiker ist die Insulinproduktion gestört und die Organe entwickeln eine Insulinresistenz durch das „Überangebot" an Insulin. Der Typ-2-Diabetiker produziert nur noch in geringen Mengen körpereigenes Insulin, das jedoch nicht mehr ausreicht, um den im Körper vorhandenen Blutzucker zu verwerten. Typ-2-Diabetiker müssen meistens kein zusätzliches Insulin zuführen, sondern ihre Insulinproduktion und –aufnahme verbessern. Zahlreichen Betroffenen hilft bereits eine Änderung des Lebensstils mit viel Bewegung und einer ausgewogenen und fettreduzierten Mischkost, um den Diabetes in den Griff zu bekommen. Den nächsten therapeutischen Schritt bilden orale Antidiabetika. Hierbei müssen Diabetiker jedoch auf eine regelmäßige Nahrungszufuhr achten, damit keine gefährliche Unterzuckerung entsteht. Seit einiger Zeit gibt es mit Zimt natürliche Alternativen zur konventionellen Therapie. Wie Untersuchungen von Wissenschaftlern um Doktor Alam Khan an 60 Typ-2-Diabetikern belegen, kann bereits ein Gramm Zimt den Nüchtern-Blutzucker um bis zu 29 Prozent senken (2). Wissenschaftler gehen davon aus, dass die im Zimtextrakt enthaltenen Polyphenole am Insulinrezeptor der Zellen eingreifen und die Insulinresistenz aufheben. Die Studie wurde mit handelsüblichem, natürlichen Schwankungen unterworfenem und nicht standardisiertem Zimtpulver durchgeführt. Doktor Richard Anderson vom amerikanischen Human Nutrition Research Center in Maryland isolierte und charakterisierte den blutzuckersenkenden Zimtinhaltsstoff in einem speziellen Herstellungsverfahren. Dabei fanden die Forscher doppeltverknüpfte

Procyanidin-Oligomere der Catechine. Sie gehören zu den wasserlöslichen Polyphenolen vom Typ A Polymer. Catechine verbessern nach Meinung der Wissenschaftler die Insulinsensitivität, indem sie die Insulinrezeptoren der Zellen anregen und so die Insulinwirkung verbessern. Der blutzuckersenkende Effekt verschwand in den Studien nach Absetzen von Zimt.

Quellen:

(1) http://www.who.int/mediacentre/factsheets/fs236/en/index.html   [Stand 7.12.2005]

(2) Khan, A. et al.: Cinnamon improves glucose and lipids of people with type 2 diabetes, Diabetes Care 2003, 26 (12): 3215.

(3) Anderson, R.A. et al.: Isolierung und Charakterisierung von Polyphenol Typ A Polymer aus Zimt mit insulinähnlicher, biologischer Wirksamkeit. J. Agric. Food chem. 2004, 52: 65-70.

Zimt und Cumarine – bittere „Wahrheiten"

„Zimt: eine bittere Wahrheit" – unter dieser Überschrift wurde noch vor wenigen Wochen von der als wissenschaftlich und fachlich fundiert anerkannten Zeitschrift für Phytotherapie vor den Folgen des Konsums von Zimtsternen gewarnt. Nach dieser Meldung, für die als Quelle die Verbraucherminister der Länder angegeben wurden, könnte wegen des Cumaringehaltes von Zimt für Kinder bis 15 kg Körpergewicht bereits der Verzehr von 4 Zimtsternen oder einem Lebkuchen gefährlich sein (Anon 2006). Bei näherem Hinsehen scheint sich die „bittere Wahrheit" dieses auch in anderen Medien unkritisch aufgegriffenen Themas zusehends zu verflüchtigen. Grund genug, den Ursprüngen der angeblichen Gefährlichkeit von Zimt einmal nachzuspüren.

Wie passen die aktuellen Warnungen vor Zimtsternen und Lebkuchen mit der Tatsache zusammen, dass Hinweise auf eine irgendwie geartete Toxizität von zimthaltigen Nahrungsmitteln trotz des weltweit sehr hohen Konsums noch nie beobachtet wurden? Schaut man sich die Begründung des BfR für die Warnungen vor Zimt näher an, so wird die Diskussion rasch auf einen einzelnen Inhaltstoff von Cassia-Zimt reduziert: Cumarin. Reines Cumarin, nicht aber Zimt, stand in der Vergangenheit im Verdacht, unerwünschte Wirkungen auslösen zu können. Wie noch gezeigt werden soll, ist auch dies nicht nachvollziehbar.

Zimt gilt anderenorts als uneingeschränkt sicher
Die medienwirksam betriebene Warnung vor Backwaren mit Zimt hat im Ausland zu Belustigung über das als typisch deutsch betrachtete übertriebene Sicherheitsdenken geführt. Diese Aktivitäten waren umso befremdlicher, als gleichzeitig echte Gesundheitsrisiken wie das Passivrauchen dagegen nur sehr zögerlich angegangen werden. Mit der Einstufung von zimthaltigen Backwaren als potenziell gesundheitsgefährdend stehen die deutschen Behörden isoliert da. Tatsächlich genießt Zimt international den Ruf einer ausnehmend guten Verträglichkeit. So wurde Zimt in den USA von der Food and Drug Administration (FDA) der GRAS-Status (Generally Regarded As Safe) zuerkannt. Für Zimt liegen international und

über viele Jahrzehnte breite Erfahrungswerte mit der Verwendung in Lebensmitteln vor. Die Importzahlen nach Deutschland sprechen hier ihre eigene Sprache. So importierte Deutschland nach Angaben von Eurostat allein im Jahr 2005 insgesamt 3000 Tonnen Zimt, von denen zwei Dritter vermutlich der nunmehr geschmähte Cassia-Zimt stellte. Diese Zahlenwerte widerlegen die Darstellung auf den Internetseiten des Bundesinstituts für Risikobewertung (BfR), wonach Zimt „gelegentlich und in kleinen Mengen" konsumiert wird.

Cumarin in Lebensmitteln

Die Bedenken der deutschen Verbraucherschützer orientieren sich an der Frage des Cumaringehaltes. Tatsächlich enthält Cassia-Zimt, nicht aber Ceylon-Zimt, relativ hohe Mengen an Cumarin, für das in Lebensmitteln ein Grenzwert definiert wurde. In der Tat wird in Backwaren gern Cassia-Zimt anstelle von Ceylon-Zimt verwendet, was offenbar mit den technologischen Backeigenschaften des Gewürzes im Zusammenhang steht. Somit nimmt der Verbraucher mit Backwaren in der Tat Cumarine auf. Die weitreichenden Warnungen des BfR basieren auf der errechneten Überschreitung von Grenzwerten, die ihrerseits wiederum unter Anwendung von Sicherheitsfaktoren aus den bekannten toxikologischen Daten zu Cumarin abgeleitet wurden. Die Betonung liegt auf Cumarin – die ebenfalls vorhandenen toxikologischen Erfahrungen zu Zimt wurden dabei gar nicht berücksichtigt.

Zumindest in der Theorie scheint der Denkansatz plausibel. Enthält ein Nahrungsmittel einen Giftstoff, dann sind Zweifel an der Verbrauchersicherheit angebracht. Man sollte aber voraussetzen, dass diese Zweifel einen konkreten Hintergrund haben, also auf Fallberichten oder Beobachtungen in der praktischen Anwendung des Nahrungsmittels resultieren – Fallberichte, die einen berechtigten Zweifel an der Verbrauchersicherheit gestatten. Dies ist bei Zimt nicht der Fall – hier liegt nicht ein einziger Hinweis auf unerwünschte Effekte des Verzehrs von Zimtsternen oder Lebkuchen vor.

Der Cumaringehalt von Cassia-Zimt ist bereits seit Jahrzehnten bekannt (z.B. (Karig 1975)), und somit ist auch die Cumarin-„Belastung" der Bevölkerung über Zimtsterne und Lebkuchen seit jeher gegeben gewesen. Die Debatte um Zimt lenkt zudem von der Tatsache ab, dass Cumarin ein regulärer Bestandteil vieler gängiger Lebensmittel ist. Beispielhaft genannt seien hier Pfefferminze, Erdbeeren und andere Früchte, Sesamkörner, Grün- und Schwarztee, Sojaprodukte oder Chicoree. Wäre Cumarin als natürlicher Bestandteil von Lebensmitteln in der Tat ein Problem von toxikologischer Relevanz, dann müssten alle cumarinhaltigen Lebensmittel in die Diskussion einbezogen werden. Die kumulative Cumarinzufuhr aus Lebensmitteln entzieht sich jedoch jeder Kontrolle. Dies wirft die Frage auf, ob das eigentliche Problem nicht eher die unrealistisch niedrig angesetzten und der Situation in der Praxis nicht angemessenen Grenzwerte sind. Nicht umsonst wird derzeit auf europäischer Ebene eine Anpassung der Grenzwerte nach oben diskutiert.

Gelegentlicher Verzehr versus Dauerverwendung

Das BfR verwies in offiziellen Stellungnahmen auf die Schwierigkeit, aus einem gelegentlichen Verzehr von Zimtprodukten auf die Langzeitsicherheit eines regelmäßigen Konsums rückzuschließen. Diese Aussage führt aber die Warnung vor Zimtsternen ad absurdum. Explizit gewarnt wurde vor den möglichen Folgen des Verzehrs von mehr als vier Zimtsternen oder einem einzelnen Lebkuchen bei Kindern. Diese Dosis stellt keinen Dauerverzehr, sondern aus toxikologischer Sicht eine Akutdosis dar. Die Warnung muss zwangsläufig zu der Schlussfolgerung führen, dass bereits geringe Verzehrsmengen von Zimtgebäck ein echtes Risiko darstellen, und dies, obwohl es für eine solche Zuspitzung keinerlei Grundlage gibt. Betrachtet man die Argumente des BfR näher, so stellt man fest, dass sie im Grunde gar nicht auf die Zimtsterne abzielen, sondern auf die steigende Beliebtheit von Zimtextrakten als diätetische Maßnahme bei Diabetes mellitus.

In der Tat würde die supportiv-diätetische Verwendung von Zimtextrakten durch Diabetiker eine Langzeitanwendung bedeuten. Allerdings greift hier der Verweis auf Cumarin nicht, weil die wesentlichen Produkte des deutschen Marktes wässrige Auszüge sind, die wegen der schlechten Wasserlöslichkeit von Cumarin keine wesentlichen Cumarinmengen enthalten. Natürlich gibt es auch andere Produkte mit Zimtpulver, die Cumarine enthalten können – zum Beispiel solche, die über das Internet vertrieben werden. Die Maßnahmen des BfR wirken sich aber nicht auf den unkontrollierbaren Internethandel aus, sondern lediglich auf die gar nicht betroffenen und gut kontrollierten Zubereitungen des deutschen Marktes. Eine Maßnahme zur Verbesserung des Verbraucherschutzes ist hier schwerlich zu erkennen – stets vorausgesetzt, dass es in der Tat einen Anlass zum Schutz des Verbrauchers vor Gefahren durch Zimt beziehungsweise dem darin enthaltenen Cumarin gibt. Ein solches Sicherheitsrisiko wurde aber bislang nicht glaubhaft dargelegt.

Cumarin in Nahrungsmitteln: wirklich toxisch?
Betrachtet man die einschlägigen Studien zu Cumarin, so stößt man rasch auf Diskrepanzen zu der doch recht eindeutigen Warnung vor dem Verzehr von Zimtgebäck. Die aktuellsten Studien zu Cumarin gehen ausdrücklich davon aus, dass Cumarin als Bestandteil von Lebensmitteln unbedenklich ist. Mehr noch: es ist bereits seit langem nachgewiesen, dass die an der Ratte beobachtete Toxizität von Cumarin nicht auf den Menschen übertragbar ist, und dass sogar die Giftigkeit von Cumarin für den Menschen generell in Frage zu stellen ist (Cohen 1979; Felter et al. 2006; Lake 1999; Ratanasavanh et al. 1996).

Die Warnungen vor Zimt basierten letztlich auf Fallmeldungen von Lebernebenwirkungen im Zusammenhang mit der arzneilichen Einnahme von Cumarin-Reinstoff-Zubereitungen. Typische Einzeldosen lagen im Bereich von 90 mg und mehr. Die Datenlage zu den beobachteten Nebenwirkungen und den toxikologischen Untersuchungen mit reinem Cumarin wurde im vergangenen Jahr in einer ausführlichen Analyse aufgearbeitet (Felter et al. 2006). Das Ergebnis war deutlich weniger eindeutig, als die offiziellen Warnungen zu Zimt suggerieren.

Generell ist darauf hinzuweisen, dass Fallmeldungen von vermuteten Nebenwirkungen im Zusammenhang mit der Einnahme von Arzneistoffen nicht gleichbedeutend sind mit einer nachgewiesenen Kausalität. Gerade bei Cumarin ist man sich über die Zuordnung der Beobachtungen von Leberbeschwerden zur Einnahme eines Arzneimittels in sehr vielen Fällen nicht sicher. Im Gegenteil liegen auch Daten vor, wonach Dosen im mehrfachen Grammbereich problemlos und über längere Zeiträume vertragen wurden. Bei vielen Patienten kehrten erhöhte Leberwerte trotz fortgesetzter Cumarintherapie wieder auf Normwerte zurück, was nicht gerade dem Bild eines klassischen Lebergiftes entspricht.

Felter et al. gehen von einer niedrigen Inzidenzrate (ca. 0,3%) von Leberwertveränderungen nach Gabe von reinem Cumarin aus, wobei eine klare Dosis-Effekt-Beziehung nicht abgeleitet werden konnte. Dies könnte ggf. auf einen immunallergischen, idiosynkratischen Effekt hinweisen, der dann aber wegen des Fehlens einer Dosisbeziehung jegliche Grenzwertdiskussion als müßig erscheinen ließe.

Zweifelhafte Grenzwertdiskussionen
Auf europäischer Ebene wird derzeit über eine Anhebung des Grenzwertes für Cumarin in Lebensmitteln diskutiert. Die sehr ausführliche Analyse von Felter et al. (2006) kommt bei Auswertung aller Daten zu Cumarin zu dem – darauf weisen die Autoren selbst hin – extrem konservativen Grenzwert von 0,64 mg/kg für eine lebenslange und sichere tägliche orale Zufuhr (Felter et al. 2006). Im Unterschied zu dieser Mindestdosis, bei der trotz täglicher Zufuhr lebenslang nicht mit negativen Auswirkungen zu rechnen ist, gehen die deutschen Verbraucherschützer bereits ab Dosen von 0,1 mg/kg von toxischen Erscheinungen aus!

Felter und Mitarbeiter weisen aber auch darauf hin, dass wegen der für den Menschen nicht nachgewiesenen Toxizität von Cumarin die echte Untergrenze vermutlich um Größenordnungen über den aus Tierversuchen an Ratten abgeleiteten 0,6 mg/kg Körpergewicht liegt. Zudem stellen die Autoren explizit fest, dass von Lebensmitteln mit natürlichem Cumarin kein Gefährdungspotenzial ausgeht, und dass – im Gegensatz zu den offiziellen Ausführungen des BfR – auch die Aufnahme von Cumarin über die Haut durch kosmetische Produkte kein Risiko darstellt.

Der extrem niedrige Grenzwert des BfR kommt durch die Anwendung von Sicherheitsfaktoren zustande. Solche Sicherheitsfaktoren sind immer eine Verlegenheitslösung und im Grunde rein willkürlich festgesetzt. Das Konzept der Sicherheitsfaktoren stammt aus der Schadstofftoxikologie, und betrifft somit Substanzen, die zwar eine Schadwirkung im Organismus haben, aber keinen Nutzeffekt. Beispiele sind Umweltgifte. Eine Anwendung auf Nährstoffe ist somit generell in Frage zu stellen.

Im spezifischen Fall von Zimt bzw. Cumarin widerspricht die Anwendung des für die Übertragung Tier-Mensch herangezogenen Sicherheitsfaktors 10 den wissenschaftlichen Erkenntnissen. Die am Besten gesicherten toxikologischen Daten stammen von der Ratte. Genau diese Spezies reagiert aber bekanntermaßen deutlich stärker auf Cumarin, als dies beim Menschen der Fall ist – begründet durch den abweichenden Stoffwechsel. In der Leber der Ratte wird Cumarin „aufgegiftet", in der Leber des Menschen nicht (Felter et al. 2006). Wenn aber Cumarin für die Ratte im Gegensatz zum Menschen ein Gift ist, ist die Anwendung eines Sicherheitsfaktors für die Übertragbarkeit vom Tier auf den Menschen nicht nachvollziehbar.

Toxikologische Daten zu Zimt

Bei aller isolierten Betrachtung von Cumarin darf die eigentliche Fragestellung, nämlich die angebliche Toxizität von Zimt, nicht außer Acht gelassen werden. Relevantere Aussagen als die theoretische Betrachtung isolierter Inhaltsstoffe sollten von toxikologischen Untersuchungen mit Zimt zu erwarten sein. Tatsächlich wird die aus den bereits genannten Cumarinstudien zu entnehmende Entlastung für Cumarin als Reinstoff im Allgemeinen und für Cumarin als Bestandteil von Lebensmitteln im Besonderen durch toxikologische Daten für Zimt gestützt.

An Mäusen wurde mit Extrakten aus Cassia-Zimt eine halbmaximale letale Dosis bei intraperitonealer Anwendung 4,98 g/kg gefunden (Harada and Ozaki 1972). Dieser Wert ist toxikologisch völlig irrelevant und liegt jenseits aller durch Nahrungsmittel erreichbaren Dosen. Die orale LD_{50} von Zimtöl aus Ceylon-Zimt lag in Ratten bei 4,16 g/kg, und die für Öl aus Cassia-Zimt bei 5,2 g/kg Körpergewicht (von Skramlik 1959). Duke gibt bei Ratten für die orale Zufuhr von Cassia-Zimt eine LD_{50} von 2,8 g/kg an (Duke 1977), und Opdyke fand am gleichen Tier eine orale LD_{50} von 2,16-3,14 g/kg (Opdyke 1979). Diese faktische Ungiftigkeit ist umso erstaunlicher, als Ratten auf Cumarin sehr empfindlich reagieren, und der getestete Cassia-Zimt bekanntlich einen relativ hohen Cumaringehalt aufweist.

Zweifellos entsprechen diese alten Daten nicht mehr den neuesten Verfahrensvorschriften für toxikologische Untersuchungen. Sie geben aber klare Hinweise auf das Fehlen einer toxikologischen Relevanz von Zimt. In Verbindung mit dem Fehlen von Verdachtsmomenten eines Verbraucherrisikos durch Zimtgebäck – von den rein hypothetisch begründeten Bedenken der Verbraucherschützer einmal abgesehen – ergibt sich kein Anlass für eine Neubewertung der Sicherheitslage.

Fazit

Das BfR begründet seine Warnung vor Zimt mit „problematisch" hohen Cumarindosen. Das konkrete „Problem" mit Cumarin, und explizit ein Problem mit Zimt wird aber nicht plausibel gemacht. Für Lebensmittel im Allgemeinen und für Zimt im Besonderen sind keine Hinweise auf irgendwie geartete Bedenken toxikologischer Art bekannt. Daran ändern auch theoretische Ableitungen und Sicherheitsfaktoren nichts.

Bei Arzneimitteln besteht im Falle eines begründeten Verdachts auf schädliche Effekte die Möglichkeit der Neubewertung des Nutzen-Risiko-Profils und der Durchsetzung von Maßnahmen zur Verbesserung des Verbraucherschutzes. Die Mindestanforderung ist hier also der „begründete Verdacht", also das Vorliegen von Berichten zu schwerwiegenden Nebenwirkungen, die möglicherweise durch das betreffende Arzneimittel ausgelöst wurden. Die Debatte um Zimt zeigt, dass bei Lebensmitteln offenbar nicht einmal ein „begründeter Verdacht" vorliegen muss, um Aktivitäten auszulösen – der rein hypothetische Verdacht reicht offenbar aus. Eine solche Vorgehensweise öffnet der Willkür Tür und Tor – liegt es doch in der Hand der Behörden, Risiken zu postulieren, um dann entsprechende Maßnahmen zu ergreifen.

Öffentlich wurde bereits vermutet, dass im Falle von Zimt der Verbraucherschutz nur ein Vorwand ist, und sich ganz andere Intentionen hinter der Debatte verbergen könnten (Bubenzer 2006). In der Tat stimmen Passagen der BfR-Stellungnahmen nachdenklich, insbesondere wenn nach ausführlicher Diskussion der Toxizität von Cumarin und der Begründung von Risikofaktoren unvermittelt und offensichtlich aus dem Zusammenhnag gerissen der Vertriebsstatus von Zimtextrakten als diätetisch-supportive Maßnahme bei Diabetes mellitus hinterfragt wird – also von Präparaten, die von der Cumarinfrage gar nicht betroffen sind. Es wäre ein Skandal, würde der Verdacht zutreffen, dass hier in Wirklichkeit Marktpolitik mit dem Mäntelchen des Verbraucherschutzes betrieben wird.

Der Schutz der Öffentlichkeit vor gefährlichen Produkten ist eine wichtige Angelegenheit. Nach dem Verständnis der Aufgaben des Bundesinstituts für Risikobewertung sollte sich diese Institution um die Aufklärung von Gefahrenpotenzialen kümmern. Für die Bewertung von Vertriebswegen sind Andere zuständig – dies kann weder die Aufgabe des BfR noch der Toxikologen und Pflanzenforscher sein.

Aufhänger der Debatte war aber nicht der Vertriebsstatus von Zimtextrakt, sondern die angebliche Gefährlichkeit von Zimtsternen. Was bleibt, ist ein artifiziell erzeugter und völlig unnötiger schwarzer Fleck auf der weißen Weste von Zimt – und ein „Gschmäckle" hinsichtlich der Motivation der Protagonisten der Medienkampagne. Erfahrungsgemäß bleiben Negativmeldungen über lange Zeit haften, auch wenn sie sich als falsch erweisen. Dies könnte sich in der Zimtfrage langfristig als die bitterste Wahrheit erweisen.

Literatur:
Rheuma Ampel, Trias Verlag, 2011
Ernährungsratgeber Rheuma, Schlütersche Verlagsgesellschaft, 2009
Diätetik und Ernährungsberatung, Haug Verlag, 2011
Das Kalorien-Nährwert-Lexikon, Schlütersche Verlagsgesellschaft, 2006

Autor:
Sven-David Müller, M.Sc., Diätologe, Diabetesberater DDG, Zentrum und Praxis für Ernährungskommunikation, Diätberatung und Gesundheitspublizistik (ZEK), Haddamshäuser Weg 4a, 35096 Weimar an der Lahn, www.svendavidmueller.de

Autor: Sven-David Müller hat nutritive Medizin studiert und sein Studium als Master of Science (M.Sc.) in Applied Nutritional Medicine (Angewandte Ernährungsmedizin) abgeschlossen. Er ist Diätologe und Diabetesberater. Im Alter von 6 Jahren erkrankte er an Diabetes mellitus und dieses Ereignis prägte seinen Berufsweg. Im Jahr 2005 verlieh im der damalige Bundespräsident Horst Köhler das Bundesverdienstkreuz. Er ist Vorstandsvorsitzender des Deutschen Kompetenzzentrum Gesundheitsförderung und Diätetik. Sven-David Müller ist verheiratet und lebt in Weimar an der Lahn.

Literatur
1. Anon. (2006). Zimt: eine bittere Wahrheit. Z. Phytother. 27 (6): 299-302.

2. Bubenzer, R. (2006). Kommentar: Omas Zimtgebäck, Diabetes und Wissenschaft im Regierungsauftrag. http://aev. heilpflanzen-welt. de/natur-pur/

3. Cohen, A. J. (1979). Critical review of the toxicology of coumarin with special reference to interspecies differences in metabolism and hepatotoxic response and their significance to man. Food Cosmet. Toxicol 17 (3): 277-289.

4. Duke, J. A. (1977). Phytotoxin tables. CRC Crit Rev. Toxicol. 5 (3): 189-237.

5. Felter, S. P., Vassallo, J. D., Carlton, B. D., and Daston, G. P. (2006). A safety assessment of coumarin taking into account species-specificity of toxicokinetics. Food Chem. Toxicol 44 (4): 462-475.

6. Harada, M. and Ozaki, Y. (1972). Pharmacological studies on Chinese cinnamon. I. Central effects of cinnamaldehyde. Yakugaku Zasshi 92 (2): 135-140.

7. Karig, F. (1975). Dünnschicht-Chromatographie der Zimtrinde. Dtsch. Apoth. Ztg. 115 (46): 1781-1784.

8. Lake, B. G. (1999). Coumarin metabolism, toxicity and carcinogenicity: relevance for human risk assessment. Food Chem. Toxicol 37 (4): 423-453.

9. Opdyke, D. L. (1979). Monographs on fragrance raw materials. Food Cosmet. Toxicol. 17 (3): 241-275.

10. Ratanasavanh, D., Lamiable, D., Biour, M., Guedes, Y., Gersberg, M., Leutenegger, E., and Riche, C. (1996). Metabolism and toxicity of coumarin on cultured human, rat, mouse and rabbit hepatocytes. Fundam. Clin Pharmacol. 10 (6): 504-510.

11. von Skramlik, E. (1959). Über die Giftigkeit und Verträglichkeit von ätherischen Ölen. Pharmazie 14: 435-445.